U0187301

浮生猫语

明天比今天更快乐的48个法则

[日] 植西聪 著

许源源 译

机械工业出版社

CHINA MACHINE PRESS

目录

目

录

PART 1

致正在
追求
自信的你

01

原谅那个浑身缺点、总是失败的自己吧。

懂得原谅自己的人，才能学会爱上自己。

人见人爱的人总是能发自内心地认同自己的优点。

他们觉得自己是富有魅力的人，这并不是说他们自以为自己完美无缺，而是说，不论从成长经历还是从所处的环境来看，他们都觉得这样的自己挺好的。

而讨厌自己的人，无论遇到什么好事，第一个念头都是："反正马上又会有坏事发生，何乐之有呢？"

天生我材必有用，要想快乐地过好每一天，最重要的秘诀就是：学会欣赏自己的优点。

从今天起开始努力喜欢上自己吧！

你不妨把自己的优点写下来，念给自己听。

多多夸奖自己，鼓励自己。

当你开始觉得"我这个人还是不错的"，幸福的日子就离你不远了。

浮生
猫语

对自己喜欢和讨厌的事物变得更敏感一点吧。

增加喜欢的事物在生活中的比例，

减少讨厌的事物的比例，

只需如此，人生就会快乐许多。

如何才能快乐地度过每一天呢？关键在于：明确"自己怎么样才会觉得快乐"。

你需要找到能让你觉得"我特别幸福"的事物。

如果你知道自己在做什么事时会感到快乐，知道自己在什么状态下会觉得幸福，就能进一步思考如何才能做到那件事，如何才能让自己进入幸福的状态。

如果你已经找到了答案，懂得该怎么做了，那就赶紧付诸行动吧！如此，沉积在你心中的阴霾自然会烟消云散。

对每个人而言，能让人感到快乐、开心、幸福的情景都各不相同。

有人觉得吃冰激凌的时候最幸福，有人觉得在房间里静静听音乐的时候最快乐，还有人把跟宠物亲密接触视为一种生活乐趣。

只要不给旁人添乱，什么事情都可以。

问问自己：

"我在做什么的时候，内心会变得充满阳光呢？"

"我喜欢什么？"

"我讨厌什么？"

如果你知道这些问题的答案，你的生活就会变得更好。

浮生
猫语

03

不要给自己贴「我做不到」的标签。

因为，没有什么是做不到的。

那些习惯贬低自己，觉得自己总是失败，爱给自己贴"无能"标签的人，其实是自己在抑制自己的潜力。

实际上，人是可以按照自己的意愿改写人生的。

如果你有所求却无法实现，那是因为你给自己贴了"我做不到"的标签。

"相信自己'能'，便会攻无不克。相信自己'不能'，便会一事无成。"

这就是成功之道。

从今天开始，告诉自己："没有什么不可能。"

哪怕有一瞬间，你的脑海里浮现出了"我可能做不到"的想法，也要马上订正过来，跟自己说："刚才的想法是不对的。我只是内心有一丝动摇而已。我一定没问题，一定会顺利的。"

就算你曾一度放弃自己的人生，当你开始发自内心地相信自己能成功时，人生的轨道就会被自动修正。

017

04

像对待知心好友一样与自己相处吧。

视己如草芥的人，

是不可能受到幸运之神眷顾的。

如果你的朋友在你面前哭了，我想你一定会安慰对方：

"没问题的！"

"下次一定会顺利的！"

但当你自己哭的时候，别说安慰自己了，你甚至还会责备自己：

"早就说了你做不到的……"

"你怎么每次都不长记性？"

为什么会有如此明显的差别呢？

我们总是严以律己，宽以待人。

但如果你想获得幸福，就必须让自己成为自己最忠实的伙伴。

不珍惜自己，视己如草芥的人，内心极易积攒负能量。

还是对自己温柔一点吧，就像对待知心好友一样。

告诉自己：

"你一定可以的！"

"下一次你一定会幸福的！"

只有像这样能真心为自己加油鼓劲的人，幸运之神才会眷顾他。

机会降临时，就堂堂正正地接受吧。

任何人都有获得幸福的资格。

有的人患有幸福恐惧症，症状是：没办法喜欢上自己，总是得不到幸福。

好不容易机会来了，他们会说，"我觉得我还是不行""我做不来"，从而白白浪费了宝贵的机会。你是否也有过同样的经历呢？

患有幸福恐惧症的人，当自己苦苦追求的幸福终于快到手时，他们就会逃之夭夭。

他们明明渴望得到幸福和充实感，却被胆怯阻断了前行的路，最终总是选择停留在原地。

下一次机会降临时，请记得一定要勇敢地抓住它！

哪怕心怀恐惧，也要奋勇向前。

任何人都有获得幸福的权利。

当你勇敢地抓住幸福时，或许你已经开始喜欢上自己了。

没必要否定、讨厌现在的自己。

『现在的你』和『理想的你』有差距是理所当然的。

毕竟现在的你还在成长的路上。

06

当你罗列出自己的缺点，发现你和理想的自己相差甚远时，没必要为此难过。

毕竟现在的你还在朝着理想前进的路上。

如果你觉得自己完全没有进步，那请你回想一下不久前的自己。

去年的你和现在的你，不可能是一模一样的。

或许你还会觉得自己比去年退步了。

那其实是你在不断前进的证明。

正因为你往前走了一步，才会遇到或大或小林林总总的事。

如果你停滞不前，自然没有成功或失败可言。

而成长过程中会发生形形色色的事，有时甚至让你觉得祸不单行。

但是，只要你朝着目标继续努力，自然能
开辟出通往理想彼岸的道路。

因此，你没有必要焦虑。

不用怀疑，哪怕是现在这一瞬间，你也比
刚才有所成长。

浮生
猫语

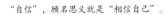

觉得自己没有自信，想办法增强自信就好了。

自信是任何人都可以得到的东西。

从你下定决心要『拥有自信』的那一刻起，

你就将迎来更加光明的人生。

"自信"，顾名思义就是"相信自己"。

那么如何才能拥有自信呢？

首先，告诉自己，"我没问题的""我一定可以的"，培养对自己的信任感。

为此，你必须让自己看到"我没问题的""我一定可以的"这一事实。

可能有人会说："我就是因为做不到这一点，才没有自信呀。"

如果你也有这种想法，我的建议是：你可以从为自己积累成功的经验开始做起。

所谓成功的经验，并不是让你突然去干一番大事业。

即便是一件小事也好，当你下定决心要做某件事后，就好好落实它，在那件事上取得成功，这就足矣。

那件事可以是每日睡前三省吾身，回想一下过去的一天是否有尚未做完的事；也可以是第二天一早六点起床出门散步；又或者是告诉自己要笑着跟今天遇到的人打招呼，等等。

只要是对自己有益的事情，什么都可以。

"自己决定要做什么—落实—确认结果"——这就是培养自信的方程式。

只要怀揣着对自己的期待和自信去行动，你会体会到什么叫"有志者事竟成"。

这一亲身体会将成为你采取下一次行动的动力。

你终将发现，随着自信心的增长，你的潜力也会与日俱增。

浮生
猫语

08

当一天结束的时候，
夸一下努力的自己吧。
如果没有其他人夸奖自己，
至少自己要认同自己的努力。

你有没有夸过自己呢？

很多人虽然总是对别人赞不绝口，但却从未夸奖过自己。

如果你也如此，那就从今天开始养成夸奖自己的习惯吧！

你需要做的是，每天睡前回顾一下过去的一天，夸一夸当天的自己。

值得夸奖的事，只要想一想，要多少有多少。

比如，你可以夸自己："今天被那个讨人厌的上司挖苦了一番，可是我并没有生气，而是面带微笑地回应了对方。这是一个很大的进步，我真棒！"

你还可以夸自己："今天开会的时候我讲得真好！"

即便是你觉得微不足道的事情也可以。

夸奖自己，可以帮助你学会肯定自己。

不要吝惜对自己的赞美之词，夸奖自己的时候也不必对任何人有所顾忌。

只要你坚持夸奖自己，慢慢地你就能发现自己真正的价值所在。

PART
2

致正在
追求
积极心态的你

塞翁失马，焉知非福。

所有的麻烦，都是生活给你的启示。

所有的麻烦事都有它的意义。

世上没有一件事是毫无意义的。

所有的事情，都是生活给你的启示。

为了让你变得更好，生活会借由麻烦事的形式来启发你。

你不妨这么想：

被上司责骂—上司告诉我应该改进的地方，我应该心怀感激。

工作犯错了—能够通过错误意识到自己粗心大意的问题，真是幸哉。

说错话伤害了别人—学会了再也不能那么说话，避免下次重蹈覆辙。

所有的事情，都是能指引自己变得更好的现象。

如果你能这么想，那么无论遇到什么事情，"兵来将挡，
水来土掩"，你一定都能应付自如。

不要害怕遇到麻烦，只要改变你的思维方式，负面的事
情将不复存在。

一念之间就能让你的人生齿轮开始朝幸运的方向转动。

这就是为什么说"塞翁失马，焉知非福"。

浮生
猫语

10

如果你觉得辛苦，那是因为你正在走上坡路。

待你登顶之时，一定能体验到无比美好的充实感。

"为什么只有我这么痛苦？"

"为什么每天碰到的全是糟心事？我真是走倒霉运了。"

如果你有这种想法，那是因为你正在走上坡路。

棘手的工作必定会提高你的技能。

跟阴晴不定的上司相处，是在锻炼你的品性。

与恋人关系不和的时候，其实是在为两个人的关系进入下一个阶段做准备。

所有的辛苦，都不是徒劳。

不要怨天尤人，也不要厌恶自己，责备自己。

当你爬上山顶时，相信你一定会为山上的美景所感动，一定能体会到"千淘万漉虽辛苦，吹尽狂沙始到金"的充实感。

在考虑如何给别人幸福之前，先考虑如何给自己幸福吧。

人只有在自己变得幸福的时候，才能给别人幸福。

"自己给自己幸福。"

这个说法虽然听起来有点匪夷所思，但个中的道理至关重要。

因为，知己者莫若己。

人在不顺时，总会不由自主地怪罪别人或者拿别人当出气筒。

你是不是也曾对重要的另一半生气，也曾痛骂对方："为什么你就不能体谅一下我的心情？"

且慢！

你好好想想，那些真的是应该由别人替你解决的事情吗？

难道不是"解铃还须系铃人"吗？

如果你有明确的理由可以指责对方，那另当别论。但如果你只是无缘无故地感到心烦意乱，那就要注意了。

这时候，不要指望别人来解救你，而应该学会自救，学会自己给自己幸福。

你可以邀请久违的好友一起去旅行。

你也可以去一直想去的餐厅大快朵颐。

或者早点回家泡个澡，优哉游哉地放松一下。

如果你一个劲儿地想着让别人给你幸福，那甚至有可能会破坏别人的幸福。

最重要的是：先学会自己给自己幸福。

能给自己幸福的人，才能给别人幸福。

12

人不可能时刻都是『最好的自己』。

偶尔失落，偶尔流泪也无妨。

稍事休息之后，再回到平常的状态就可以了。

痛哭一场有排解压力，召回好运的奇效。

哪怕你陷入了自我厌恶的情绪当中，一直在心里质问自己："为什么我技不如人？"哪怕你始终无法说服自己重拾信心，也请你不要贬低自己。

越是深陷困境的时候，越要对自己温柔一点。

我的建议是，你可以试试一个人安静地看一部悲伤的电影。

当啪嗒啪嗒掉下的眼泪浸湿了你的手帕时，相信你的心空已开始放晴，相信那时的你已经做好了迈出下一步的准备。

当你觉得自己稍微振作起来了，再去听听自己喜欢的音乐，吃点爱吃的东西，让自己的心态变得更加积极阳光吧。

没必要强迫自己每时每刻都当最好的自己。

偶尔稍事休息，然后重整旗鼓，再度出发就可以了。

対命运怀有感激之心的人，
会遇到更多让他们想感激命运的好事。

而成日悲叹『我命本不该如此』的人，
会遇到更多让他们想唉声叹气的糟心事。

13

这世上有的人时常在悲叹自己的命运：
"为什么我生来就要背负这样的命运？"
"好想过不一样的人生啊！"

整日悲叹命运的人，是不可能受到命运眷顾的。

就像你不会想要去爱一个在背后说你坏话的人一样，
命运也不会给说自己坏话的人幸福。

反之，无论发生了什么，都能朝好的方向诠释的人，
命运一定会向他们抛出橄榄枝。

"虽然没有遇到什么大好事，但每天都过得很开心。"
"虽然有时候觉得挺辛苦，但每天都能做有意义的事
就是幸福的。"
"虽然没有什么值得在别人面前炫耀的事情，但我还
是很喜欢自己。"

能够像这样积极乐观地看待命运的人，掌管命运的女
神自然会助他们一臂之力。

一开始不妨稍微勉强一下自己，有意识地将自己在
生活中体会到的满足感说出口。

就算现在的你遇到了不幸的事，那也只是当下这一
瞬间的事情。

从长远来看，人生还是很快乐的。

即使碰上了倒霉的事，那也不是命运的错。

天堂还是地狱，全在一念之间。

命运始终站在乐观的人这一边。

学会享受每一天，尽情地品味每一天的酸甜苦辣吧。

浮生
猫语

14

别人是别人，我是我。

没有必要拿自己和别人做比较，

按照自己的节奏往前走就好了。

看到朋友幸福的样子，你可能会心生羡慕。

看到精明能干的同事，你可能会觉得自己技不如人。

当你拿自己跟别人做比较，对自己感到失望时，告诉自己"别人是别人，我是我"，就能让你的内心回归平静。

每个人的节奏都不同。

没有必要因此焦急或难过。

按照自己的节奏往前走就好了。

有时可能你还会感到焦虑，觉得自己似乎一直在原地踏步。

放心吧！

你确确实实在向前迈进，没有什么值得你焦虑的。

浮生
猫语

15

戒掉充满负能量的口头禅，内心就会被正能量充满，幸福也会悄然而至。

"我是不是被幸运女神抛弃了？怎么做啥啥'不顺'呢？"

"每天都好'无聊'啊，难道就没什么好事发生吗？"

像这样容易为烦恼所困的人，常常会在无意间脱口而出一些负面词汇。比如，"好倒霉啊""不行""真糟糕""太差劲了""做不到"，等等。

容易为烦恼所困的人，建议你留意一下自己的口头禅。

很多人其实并不知道自己的口头禅是什么。

当你有烦心事时，内心就会被负面情绪填满，而人在负能量缠身的情况下，很容易变得消极。

这时候，就应该有意识地去使用正面语言。

奇妙的是，你会感受到正面情绪源源不断地从心底涌出，让你相信接下来定会一切顺利。

语言的力量非常强大，你只需要动动嘴就能改变自己的处境。

坚持使用正面语言，日复一日，你心中的正能量就会越来越多，如此便能吸引幸运女神来到你的身旁。

浮生
猫语

16

做一个不被愤怒束缚的人吧。

就算你再愤怒，再焦躁也毫无益处。

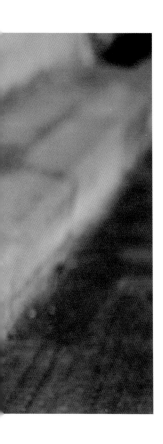

喜怒哀乐，人有各种各样的情绪。

工作成功了就会喜形于色，失败了就会灰心丧气。

我们生而为人，会有这样的情绪，是理所当然的。

但需要注意的是，你与愤怒的相处方式。

何出此言？因为愤怒是人类所有情绪当中破坏力最强的情绪。

可以断言，所有会伤害他人或者会造成无法挽回的后果的行为背后，都可以看到愤怒的影子。

除了愤怒之外，还有一种情绪需要特别注意：

那就是和愤怒息息相关的"焦躁"。

人的"焦躁源"在生活中随处可见。

比如，工作不顺的时候，和恋人吵架的时候，甚至当你觉得电视节目无聊的时候，都可能会感到焦躁。

但如果一旦遇到不如意的事情就感到焦躁的话，那么人的内心将逐渐被负面情绪所占据。

可能有的人会想："感到焦躁的时候不要憋在心里，将愤怒发泄出来，这样不是更痛快吗？"

其实并非如此。

你可以观察一下身边那些爱发火的人。

他们因为某些理由发火了之后，是不是真的心情变好了呢？实际上并不是。

很快他们又会因为别的事情感到焦躁，所以他们一直在生气。

当你感到愤怒时，就压制下去。

面对愤怒，唯有压制，才是正道。

当你觉得自己的头脑、内心被愤怒占据时，深呼吸一下，想一想自己为何这么生气吧。

如此，焦躁便会褪去，你的内心也会沉静下来。

最终，怒火将被扑灭，你的内心将充满宁静与安详。

PART

3

致正在
追求和谐
人际关系的你

17

学会无条件地接纳他们，感谢他们的到来吧。

周围的每一个人，都是跨越了无数个偶然才来到你身边的。

这个世界上有73亿人。

这意味着，我们只有73亿分之一的概率才能遇到今天刚认识的新朋友。

你跟你的家人、恋人、朋友，甚至你的竞争对手，从相遇相知到如今无话不谈，个中的概率也只有73亿分之一。

这难道不是奇迹吗？

每一段相遇都是生活给你的启示。

珍惜你的家人、恋人、朋友，以及未来会遇到的人吧。

坦诚地接受并感谢他给予你的启示。

无论你多么不愿意跟对方相处，只要提醒自己一个事实，"只有73亿分之一的概率能使我与之相遇"，就一定会对对方产生好感。

这正是生活如此设计的用意所在。

18

当你觉得心力交瘁，无暇他顾时，
更要注意自己的眼神管理。
温柔的目光能给人以幸福。

有个词叫作"眼神交流"。

顾名思义，"眼神交流"是一种无须借助语言表达，只需四目相对就能互通心意的交流方式。

眼睛是心灵的窗户。

眼神会反映人内心的声音。

佛教中有个词叫作"慈眼施"。

所谓"慈眼施"，指的就是用慈祥的、充满爱意的眼神注视别人。

如果有人对你投来温柔的目光，你一定会觉得特别开心，对吧？

反之，如果有人对你投来尖锐的目光，或者鄙夷的目光，你一定会觉得不舒服或者感到难过。

可见，眼神给人的印象有多么重要。

就算只是点头之交，并没有深入地交流过，通过眼神交流也能了解对方的心意，缩短双方之间的心灵距离。

也就是说，即便无法与对方近距离交谈，只要投之以温柔的目光，就能缩短你与对方的心灵距离。

当一个人忙得不可开交，或者遇到烦心事时，难免会有无暇他顾的感觉。

特别是身体非常疲倦的时候，更容易双眼模糊，目光呆滞。

这时候，试着深呼吸，想想自己现在正在用什么样的眼神看着对方吧。

只要你有一颗想与对方真诚相处的心，哪怕再累，也一定可以发自内心地微笑；哪怕再累，也能自然而然地流露出温柔的眼神。

温柔的眼神能提升人的魅力值。

要时常注意自己的眼神管理哦！

走自己的路，让别人说去吧。

没必要在意他人对你是怎么想的，

他人有「爱怎么想就怎么想」的自由，

你再在意，也徒劳无益。

这世上有很多人特别在意别人是如何看待自己的。

他们一旦被人说了坏话，或者受到批评，心情就会一落千丈。

因为他们认为他人的评价决定了自己的价值。

但事实并非如此。

实际上，人并没有办法正确地评价自己以外的人。

因为喜欢和厌恶都是主观的。

想说人坏话的人，总会想方设法地找到对方的缺点，对对方吹毛求疵。他们从一开始就没有要理解对方的意思。

我们没办法控制别人对自己的看法。

因此，对于那些想说自己坏话的人，就任由他们说去吧。

无论他们说什么，你都不必在意。

只要活得堂堂正正，上苍自然会守护你。

与不喜欢的人相处，是生活安排给你的功课。

除非你做完这份功课，否则他们就不会从你的身边离开。

人倘若不与他人交往，就无法前进。

想让人生之路走得更顺利，就必须掌握与他人交往的方法。

如果身边出现了你不喜欢的人，那其实是生活为了教你如何与人交往而留下的功课。

除非你完成"功课"，克服这个问题，否则他们就不会从你的眼前消失。

有时候可能你明明想跟对方断绝来往，但偏偏经常会遇到对方——这其实也是生活精心设计的结果。

在功课面前，逃跑或者躲避都不算解决方案。

当你遇到不喜欢的人时，思考一下，这一次是生活想给你留什么功课吧。

做"功课"的过程就是磨炼你待人接物的能力的过程，当你完成功课时，自然会收到生活赠予你的幸福。

只需改变用词，就能提升你的魅力值。

改变用词不仅能改变别人对你的印象，

还能为自己补充正能量。

日本有一句话叫作"用词即用心"。

这句话的意思是，你对对方说的话直接体现了你对对方的用心。

如果你用词粗暴无礼，那么你和对方的关系自然会变差；而如果你用词恭敬有礼，你和对方的关系自然会变好。

如果你想和对方搞好关系，就要有意识地用恭敬有礼的话语跟对方交谈。

这样对方也会感受到"这个人很尊重我"，如此便能使双方的关系更进一步。

尤其是初次见面时，甚至可以说用词方式左右了人们对一个人的第一印象。

而且，我们不仅在跟别人说话时要讲究恭敬有礼，也应该学会用恭敬有礼的方式跟自己说话。

就算不出声，只是默默地跟自己的内心说说话也可以。

用恭敬有礼的方式跟自己说话，你会感受到内心神奇地平静了下来。

对自己说话恭敬有礼，就是自爱的表现。

反之，如果用粗暴无礼的方式跟自己交谈，就会增加内心的负能量。

如此，你在和自己以外的人说话时也自然会变得粗暴无礼。

一开始你可能会觉得说话毕恭毕敬有点别扭，但还是要刻意为之。

这样不仅能改变别人对你的印象，还能为自己补充正能量。

人们自然会被自爱而充满正能量的人所吸引。

那样的人就是世人所说的"富有魅力的人"。

分别从来不是一件特别的事，

有人离开，也会有人留下。

这就是人与人之间的缘分。

面对曾经亲密无间的友人离自己而去，我想谁都会倍受打击。

有的朋友，明明年轻的时候那么要好，后来渐渐地双方想法的差距越来越大，到最后连过年过节也不会再问候一声。

还有的人，本想给朋友提建议，结果说出的话反倒伤害了对方，导致两人就此分道扬镳。

你可能会失落，甚至自责，心想：

"明明曾经那么要好，但日后恐怕再难相见了吧。"

"一切都是我的错……"

但是，人与人的缘分本身就是不稳定的。

曾经共度过一段欢愉时光的两个人后来渐渐断绝了来往，曾经无话不谈的朋友如今无话可谈……

人与人之间的关系会发生这样的变化也不足为奇。

没有必要时刻都与对方保持一致的步调。

别人有别人的步伐，自己有自己的步伐，
各自走好自己的人生路就可以了。

待到他日重逢时，互道一声安好即可。

23

如果你对人际交往感到疲乏，

那就干脆减少与人见面的时间吧，

偶尔当一天"懒猫"也无妨。

你是否也曾遇到在连日加班、压力爆棚的时候，跟男友吵架，还被上司训斥，甚至连身体也闹罢工的情况？这时候你有好好地犒劳自己吗？

尽管你心里想着，"啊，好累啊，最近不想见人了"，但当朋友找你一起去逛街的时候，你还是没有办法说"不"，结果又出门，搞得自己身心俱疲。

明明自己对逛街不感兴趣，只想好好休息，却无法如愿以偿。

长此以往，你会变得越来越疲惫不堪。

还是更珍惜自己一点吧！

就算你偶尔关掉手机也无妨。

或者试试一整天不开电脑。

又或者一整天不和别人说话。

只要不给别人添麻烦，就没有必要对此抱有罪恶感。

因为只有自己才有权力安排自己的时间。

123

如果想让别人喜欢你，就要学会倾听。

能理解他人的人定能为人所爱，被人珍惜。

人见人爱的人有什么特征呢？

和蔼可亲；

能说会道；

懂得察言观色、适时附和。

确实，他们可能都具有这样的特征。

但如果一个人上述哪一项都做得不好，那么他到底该怎么做才能获得他人的喜爱呢？

其实，有一个方法非常适合这样的人。

那就是：学会倾听。

人，本就是一种喜欢诉说胜过倾听的生物。

谁都希望别人可以倾听自己的心声。

能饶有兴趣地倾听对方讲话，而不是只顾着表达自己的人，往往能获得对方的好感。

而且，学会倾听的好处远不只如此。

你还可以通过对方的话语，自然而然地了解对方的想法、爱好、习惯、烦恼，等等。

你所知道的关于对方的信息越多，就越能把话讲到对方感兴趣的话题上。

如此，对方便会觉得你是一个"好的理解者"，自然会更喜欢你。

优秀的采访者无一例外都是懂得倾听的人。

并且，他们特别擅长引出对方的话。

他们会在倾听的同时找出对方想说的内容，当话题开始偏向那个点时，他们就会适当地加以附和，发出"我还想多了解一点"的信号。

如此，受访者便会觉得，"他（采访者）能理解我想说的话"，这种安心感能让他们在不知不觉中吐露更多的心声。

越是理解对方的人，对方越是珍惜。

如果想让别人喜欢你，就要学会倾听。

致正在
追求
正能量的你

25

"算了，就这样吧！"这是一句自带魔力的口头禅，它能让你的每一天都变得阳光明媚。

容易因为一点小事就闷闷不乐的人，平日里也会时常摆出一张阴沉的脸。

人一闷闷不乐，心里就容易滋生负能量，给人的印象也会变差。

如果想要保持快乐的状态，就把"算了，就这样吧！"当作自己的口头禅，将烦心事都抛之脑后吧。

"算了，就这样吧！"这是一句自带魔力的话，它可以立马让所有人都变得幸福。

只要你养成这一思维习惯，内心自然会轻盈起来，每一天都会是阳光明媚、草长莺飞的好时光。

从今天开始，把"算了，就这样吧！"当作自己的口头禅吧。

26

人是一种面对新事物时会感到恐惧的生物。

因为，在产生"想改变自我"的想法的同时，焦虑也将随之而来——人们总是担心"如果情况变得比现在更糟糕，那该怎么办？"

而人一旦陷入"有必要勉强自己改变现状吗？""暂时就这样也无所谓"的想法当中，就会止步不前。

其实，我们没有必要立马改变自己。

慢慢来，即使现在的你还不够笃定也无妨。尝试接纳新的想法，采取新的行动，一步一步、循序渐进地成长就可以了。

如果你有"想成为一个充满自信的完美女性""想过上丰富多彩的人生，给身边的人以幸福"这样的想法，就试着脱离"现状"，往前迈出一步吧！

只要一小步即可。

就算这一步迈得不够坚定也无妨。

当你开始做出尝试之后，就会发现许多事物都很新鲜有趣。

你就能看到不一样的风景。

在你变得能够积极地思考问题时，你身上的正能量会越来越多，届时你自然而然地也就做好了吸引幸福来到你身边的准备。

快朝着未来的自己，朝着理想的自己往前迈出新的一步吧！

27

失败不是问题，
问题是把失败诠释成悲剧性的事物。

"我又失恋了，我真是一个一无是处的女人。"

"为什么我的工作总是做不好？我不想上班了……"

有的人总爱这样责备自己，然后陷入自我厌恶当中。

如果做事只看重结果，那么结果只能是成功或者失败，其中失败的概率占了 50%。

这意味着无论你做什么，两次当中就有一次可能会对自己感到失望，甚至引咎自责。

但是，能将失败当作精神食粮的人看重的不是结果，而是过程。

如果把焦点放在过程上，只要你愿意努力，就能留下一定的成果。如此便能大大提升达到自己心中及格线的概率，让你能够笑对每一天。

对于他们而言，失败就是孕育成功的一段经验，所以他们认为没有必要为失败而失落，甚至指责自己。

一念天堂，一念地狱。看法不同，对同一事物的认知也会发生 180° 的转变。

人生失意亦须尽欢，反正都要过日子，不如多多肯定自己，让自己过上阳光明媚的每一天。你说是不是？

28

夜幕降临时，如果你徘徊在自我厌恶的边缘，

那不如早点洗洗睡吧！

再烦恼，再懊悔，也于你无益。

当你陷入自我厌恶当中，脑子里充满了"啊，又搞砸了……我为什么总是这样"的想法时，你是怎么解决的呢？

你是不是会一边在脑海里回放当时的画面，一边研究如何才能不重蹈覆辙，然后开始责备自己呢？

我的建议是：经过一定程度的反省之后，就将一切都抛到九霄云外，只管上床睡觉就对了！

你越是烦恼、懊悔，越是在脑海里回放失败的场景，留在潜意识里的负面记忆就越深刻。

因此，如果遇到了烦心事，最好忘记它，赶紧上床睡觉。

第二天醒来的时候，也没必要再次回想，为此烦恼。

往者不可谏，来者犹可追。如果你给别人添了麻烦，与其烦恼，还不如赶紧给对方写一封道歉信，或者开始为下一次取得成功做准备，这样才更有意义。

如果能够把失败当作跳板，吃一堑长一智，那下一次一定能取得成功。

切勿拘泥于仅仅一次的失败。

你要相信生活一定会奖赏积极乐观的人。

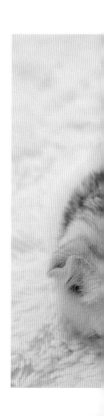

浮生
瑜语

人之所以会痛苦，
是因为一直在为自己无能为力的问题而胡思乱想。
只要放下这些问题，人就不会因此而痛苦。

烦恼分为两种类型。

一种是凭自己的力量无法解决的烦恼，另一种是凭自己就能够解决的烦恼。

如果你的烦恼是凭自己的力量无法解决的烦恼，那就不要再为它胡思乱想了。

因为，就算你为一个自己无能为力的问题而痛苦，使自己的内心充满了负能量，也不会给任何人带来任何益处。

要想放下凭自己的力量无法解决的烦恼，方法很简单。

你只要祈求："希望这个问题可以得到很好的解决。"把烦恼甩到一边就可以了。

需要你集中精力的是，凭自己就能够解决的烦恼。

当你全心全意投入到自己力所能及的事情当中时，你的烦恼也会迎刃而解。

30

过去的辛苦不过是未来成功的铺垫。

当你觉得自己捅了大娄子，已经覆水难收、大难临头的时候，千万不要破罐子破摔。

你不妨想象一下一年后的自己。

吸取了这次失败经验的你，可能正笑脸盈盈地在享受巨大的成功呢。

那时的你也有可能为了自己的梦想每天都忙得不可开交，早就忘了眼下的失败。

然后，你再想象一下三年后、五年后有所成长的自己。

想一想未来已经接近理想型的你会如何处理眼前的问题。

你如今所面临的问题，不过是为了未来的成功而做的一个小小的铺垫而已。

31

所有让你灰心丧气的烦心事，

都是为了暖引好运而在给你的心灵"排毒"。

生活一帆风顺的人，无一例外都是能够乐观地看待问题的人。

无论发生什么，他们都认为那是为了让自己变得更幸福所必须经历的事。

就算遇到了让他们灰心丧气的烦心事，他们也会认为那是为了迎接成功，在给自己的心灵"排毒"。

如果遇到了烦心事，就告诉自己"成功近在咫尺"吧！

虽然要说服自己并不简单，但以逆境为跳板绝处逢生的人并不在少数。

就算遇到了烦心事，也不要灰心丧气。

因为一个人在灰心丧气时所散发的负能量，有时会以难以置信的力量将人的命运推向更糟糕的境地。

这种时候，就算是硬拗出一副神采奕奕的样子也好。

要有"管它什么厄运，看我一脚端飞它！"的强硬姿态。

最可怕的是厄运本身会招致更多的厄运。

心烦意乱的时候想起一些糟心事，就会吸引更多糟心的事情来到你身边。

趁还没陷入恶性循环之前，赶紧转换自己的心情，迈出新的一步吧。

告诉自己："眼下身处逆境是为了给心灵'排毒'，好运就在不远处等着我！"

终有一天，回首来时路，你会发现"没有彼时的我，就没有今日的我"。

不是幸福的人才爱笑，
而是爱笑的人才幸福。

很多人认为"人之所以笑，是因为遇到了值得开心的、快乐的事，为了表达当时的心情而笑"。

确实言之有理。

但其实，"笑"还有另一种作用：吸引幸福。

现在请你试着扬起嘴角，露出你的笑脸吧。

嘴角上扬的瞬间，你一定能感受到快乐在心里萌发的感觉。

当你遇到伤心事时，当泪水在眼眶里不停打转时，当你怒不可遏时，当情绪的刹车失灵时……

这时候，试着在镜子面前对自己微笑吧。

笑容可以消除人内心的负能量，使之转换为正能量。

所以，再辛苦也不要忘记微笑，如此便能召唤幸福来到你的身旁。

PART

5

致正在
追求
梦想的你

坚信自己能成功的信念，
会吸引成功来到你身边。

当我们需要挑战某件新事物时，如果没有自信，
总会不经意地说出一些消极的话语。比如：

"我肯定不行。"

"我这样的人不可能做得到。"

"不可能做到"这样的念头只会吸引消极的结果。

当你准备挑战某件新事物时，要相信自己："我
一定能成功！"

如果你的内心摇摆不定，那就不停地开口跟自己
说："没问题的，没问题的。"直到你变得笃定
为止——关键在于学会自己劝解自己。

如果你可以发自内心地相信自己"没问题"，那
么成功自然水到渠成。

试着推开眼前的大门吧，
海阔凭鱼跃，天高任鸟飞。
没什么值得害怕的。
一个全新的世界正在门后等着你。

当眼前出现许多选项时，失败者总会踌躇不前。

"如果失败了怎么办？"这样的念头，阻碍了他们的去路，使他们一直停留在原地。

这样的人，无法开拓新的未来。

但成功者不会停下步伐，他们会不断地推开眼前一道又一道的门。

失败不可怕吗？可怕！

但是他们会这么想：

"如果失败了，那就回到原地，东山再起！"
"如果不适合自己，那就算了。"
"只要其中一个中了那就是万幸！"

正因为他们心态放松，无论做什么都奉行"莫以成败论英雄"的态度，所以他们的行动力才会高于常人。

当然，比起按兵不动，推开眼前的大门失败的概率更大。

但这也在他们的意料之中。

倘若失败，他们就会告诉自己："既然是自己选的路，失败了也心服口服。"

只要有这种思想准备，你就能无往不胜。

总之，先试着推开眼前的大门吧！

如果觉得开心，那就继续往前走；如果不开心，原路返回就好了。

如无意外，你一定能走进一个更快乐的新世界。

世上最可悲的事莫过于，

每天都在懊悔"当时要是那么做了，

现在说不定已经成功了。"

你是否一直想做某件事，但却迟迟无法付诸行动？如果是，请你试着想象一下，假如明天是世界末日，你会怎样做？

"啊啊啊……我还没跟心爱的他说上话就要死了吗？！"

"我还没踏上我憧憬的美洲大陆！"

"我应该对家人更好一点才是。"

你是否会像这样因为还没有开始做自己想做的事而感到遗憾、心痛，甚至自责？

拿"没时间""还有别的事情要做"当借口而迟迟不肯行动的人，一直到死也会拿这些话当借口。

不要再给自己找借口了，把注意力都集中到自己想做的事情上面吧！

你不必一次性做完所有想做的事，只要一件一件踏踏实实地去做就可以了。

与其临终之时懊悔流泪，不如现在就开始做自己力所能及的事。

185

浮生
物语

36

"做，还是不做？"

当你犹豫不决时，索性选择做吧！

是成是败，无人能料。

但很多时候，尝试之后大获成功的概率并不低。

每个人都会遇到在"做，还是不做？"这个问题上犹豫不决的时候。

难以抉择的时候，索性选择做吧！

你可能会想："如果失败了该怎么办？"

但是，到底是成是败，目前尚未成定局。

首先应该先迈出第一步。

迈出第一步之后，再朝成功的方向坚持走下去。

做法就是这么简单，但它能指引我们向理想的自己靠近。

可以说鼓起勇气采取行动就已经成功了 80%。

最重要的是：迈出最初的一步。

养成感到迷茫时就行动起来的习惯吧，如此定能乘风破浪，驶向快乐的彼岸。

人生是一场无法重拍的电影，

无法剪辑，也无法后期制作。

在这场每时每刻都是正片的电影中，

你想扮演什么样的主角呢？

用自己这副肉体度过此生的机会，有且仅有一次。

死了便万事俱休，没有重来的机会。

明明所有人都懂得这个道理，但认认真真地过这有且仅有一次的人生的人却寥寥无几。

成功人士大多都有着强烈的"人生仅此一次"的意识。

人生有限，花开堪折直须折，莫待无花空折枝。

可以说，有没有这种心态，左右着人生充实与否。

我们总是盲目地相信人生还剩好几十年。

但其实是否如此，无人能知。

如果能以"今日可能是我的最后一日"的心态度过每一天，你就能学会认真地对待人生。

38

任何事情，何时开始都不晚。

你余生中最年轻的一天，就是今天。

大人们想尝试做一件新的事情，往往比小孩子更难。

原因可以是工作太忙没有时间；也可以是工资太低，筹不到资金；或者过于在意别人的目光，觉得害羞……

做不到的理由，要多少有多少。

到底是什么让人产生了"还是放弃吧"的念头呢？大家说得最多的理由就是"现在才开始，太晚了"。

但其实，无论你想做什么事，绝对没有"太晚了"的说法。

只要有一颗想挑战的心，不管年岁几何都没关系。

因为，每一个今天都是余生的第一天。

你的人生从现在开始会变得越来越精彩。

而能指引你走向人生巅峰的，只有你的决心和行动力。

浮生
猫语

"梦想通行证"已经准备好了。

你需要做的只是去领取这张通行证而已。

梦想的入口，有一位看门人。

看门人将在众多逐梦者当中，挑选出适合的人选，给他们发放"梦想通行证"。

拿到通行证的人，梦想会照进他们的现实。

而没有通行证的人，永远都会停留在可怜巴巴地乞求上苍替他们圆梦的状态。

那么如何才能取得"梦想通行证"呢？

一，需要"行动"。

二，需要有"不质疑"该行动的可行性的心态。

当你做到这两点时，梦想看门人就会悄悄地把"梦想通行证"放到你手中。

不可思议的是，大多数人并没有走到梦想看门人面前，他们只是一直在乞求上苍替自己圆梦。

确实，走到梦想看门人面前需要勇气。

但是，梦想看门人不会给任何人吃闭门羹。

你可能不信，当你心中种下梦想的时候，一张写好你的名字的梦想通行证就已经准备好了。

梦想看门人天天翘首以盼等待你的到来，恨不得早日将通行证交给你。

假如你的梦想是开一家小店。

能实现这个梦想，也就是说，能拿到梦想通行证的，只有采取了实际行动，并坚信"自己一定能成功"的人。

而那些想要开店却不为之努力，因为一点小小的失败就打退堂鼓的人，看门人是不会给他们发放通行证的。

到底要不要行动起来去领取梦想通行证，决定权在你自己手上。

40

再试最后一次吧，谁也说不准到底哪一次会成功。

正因如此，说不定下一次你就能挑战成功。

所有已经圆梦的人都有一个共同点，那就是坚持到最后，永不言弃。

他们会不停地发起挑战，直至成功。

当你脑海里冒出"我想放弃了"的念头时，甩开自己的负面情绪，告诉自己："再试最后一次吧！"

再试最后一次，说不定就能挑战成功。

现在放弃实在太可惜了。

谁也说不准到底什么时候能成功，正因如此，所以不轻言放弃，告诉自己"再试最后一次"，然后不断发起挑战的精神很重要。

把"再试最后一次"当作自己的口头禅吧，它将成为你圆梦路上巨大的助推力。

207

PART

6

致正在
追求
幸福的你

在你状态最好的时候，告诉自己『此刻的我才是真正的我』。你一定会更加喜欢自己。

41

当你遇到开心事时，当你感到快乐时，当你被人夸奖时，当你发挥出了自身实力时，当你觉得此刻的自己最棒时……

告诉自己："此刻的我才是真正的我。"

这不是侥幸，也并非偶然，是你凭借自己的力量，将快乐吸引到了你的身旁。

只要你坚定地告诉自己："最好的我就是真正的我。"你一定会更加喜欢自己。

状态最好的时候，就是让你更喜欢自己的最佳时机。

如果说这世上有能够吸引好运的魔法，

那个魔法的名字一定叫『正面想法』。

只要改变自己的心态，你就能不费吹灰之力地得到好运。

人总会遇到做什么事情都不顺心的时候。

这时，你是不是总会不经意地谴责自己："反正我就是一个干啥啥不行的人。"

千万别这么想！

这样的想法有百害而无一利。

曾提出"心想事成法则"的约瑟夫·墨菲博士有言："对人生抱有信心和安心感的人，以及对人生感到焦虑和恐惧的人，他们各自的命运都会像他们所设想的那般发展。"

如果你的心中充满了正面想法，就会有好事降临。

如果你的心中充满了负面想法，就会焦虑缠身，坏事临头。

这就是"吸引力法则"。

大多数人听了都会点头称是，但知之非难，行之不易。

尤其是工作很忙、高度紧张，或者人际关系不顺的时候，更加难以践行。

最重要的是，不要过度否定自己，给自己贴上"因为我……所以我做不到"的标签。

一旦你给自己下了这样的定义，好运就会离你而去。

"因为我……所以我做不到"，如果这样的想法形成思维定式，你便会习惯性地把所有的不顺都归咎于此。

即便现在你很辛苦，也要告诉自己："我没问题的！明天一定会有好事发生！"

让压抑的心情稍微好转一些，你心中的正能量就会越来越多。

正能量越多的人，对好运的吸引力就越大。

浮生
猫语

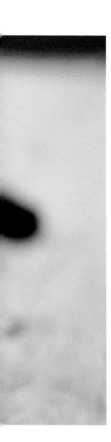

43

天使们看到面带笑容的人，就会飞奔而去为他们呐喊助威。

无论遇到何事，只要保持笑容，你的心灵终将得到救赎。

认为自己不幸的人，总是难以发现身边的幸福。

请睁大自己的双眼，把注意力放到身边所有能让自己幸福的事情上吧。

比如：

"今天天气真好，真舒服！"

"邻居家的小孩真是可爱。"

仅仅是感受平静的日常，也能让你的内心变得更加明媚。

日常生活中幸福的事俯拾皆是。

关键是：要有意识地保持笑容。

因为笑容会吸引天使带着好运来到我们身旁。

只要为人所爱，金钱自然会随之而来。

运势是相连的，重要的是，要选择能让

自己为人所爱的活法。

44

"爱是不会被金钱所左右的，不是吗？"

确实，此言不虚。

但是，被爱的人，财运往往也不差，这也是不争的事实。

运势是流转的。

金钱也会随着运势的流转而流转。

而且，运势往往与人际关系息息相关。

因为，金钱是他人带给我们的产物。

如果你想改变自己的运势，想让他人为你引荐，或者想从别人身上得到有益的信息等等，人际关系就是最重要的制胜因素。

因此，当你觉得自己被财神抛弃了的时候，好好检查一下，自己是否维系着良好的人际关系吧。

比如：

最近是否给别人带来了欢乐呢？

最后一次听别人说"谢谢"是什么时候呢？

最近是否有人来找你商量事情呢？

即使是跟工作没有直接关系的事情，运势的流转也是相连的。

你去问一问那些人见人爱，在挣钱方面看起来不费吹灰之力的人，他们对财运是怎么看的。

他们一定会回答："金钱只是附属品。"

只要你能过上为人所爱的生活，金钱自然会随之而来。

假如你为钱所困，那现在正是你改变"活法"的时候！

45

爱人者，人恒爱之。

待人温柔者，他人定温柔待之。

予人幸福者，也定能收获幸福。

只有人能给人以快乐和幸福。

只要稍微想想，你一定能发现身边有许多给予了你快乐的人。比如，紧紧地搂着你，对你说"我爱你"的他；还有夸你"我的宝贝真努力"的妈妈……

如果你觉得自己一直在单方面地向他们索取，而从未给予对方任何东西，那就从今天开始改变这种态度吧。

关键在于，多多琢磨该怎么做才能让对方开心。

找到答案后，就去践行能让对方开心的事。

没必要纠结到底要给予对方什么。

如果过去你一直任性妄为，那么在对方面前变得乖巧温柔一些，这对对方而言就已经是一份很棒的礼物了。

从你开始报恩之时起，幸福的循环就已经在加速运转了。

生活一直在给人暗示。

只要擦亮心灵的眼睛，你就会发现，所有发生在自己身上的事都包含着，生活想要传递给你的讯息。

所有发生在自己身边的事，都是生活为了给予我们某些启示，而传递给我们的讯息。

赶不上地铁，和男朋友吵架，这些都不是偶然，而是生活为了告诉你某些事而给你的暗示。

如果你觉得诸事不顺，不要光唉声叹气，埋怨自己"真不走运""没有一次能成功的，我真的受够了"……

其实，不顺之中往往隐藏着能让自己变得幸福的线索。

糟心事有时也能指引你走向幸福。

我们需要对发生在自己身上的每一件事倾注更多的意识。

237

感到迷茫的时候，你需要冷静下来，好好思考。

如此，你便会看到自己真正需要的是什么。

假如你看上了两双鞋，但只能购买其中一双。

这时，你能迅速做出选择吗？

还是说你会犹豫不决，为此烦恼呢？

优柔寡断的人大多不知道自己想做什么，想要什么。

而能马上做出抉择的人心中都有明确的答案。比如，"我想要一双颜色跟家里的鞋不一样的""现在穿的鞋旧了，想要一双款式差不多的鞋"，等等。

犹豫不决的时候，问问自己：
"我买鞋的目的到底是什么？"
如此，你就能整理好摇摆不定的思绪，明确选鞋的标准。

如果这样你还是无法做出决定，那就是因为买鞋的目的还不够明确。这时，不要凑合行事而冲动地做出选择，不如暂且放弃买鞋的计划吧。

放弃也是一个很好的选择。

我们在人生的各个场景中，都不得不做出选择。

如果眼前有太多的选项，人们往往会觉得如果不择其一就会吃亏。

很多时候人们明明可以慢慢考虑，却非要选择凑合，最后追悔莫及。

暂且放弃，能让你看清各个选项到底有多重要。

如果你不选择该选项也有办法解决问题，那就说明这个选项的重要性本身就不高。

反之，如果不选会给你带来不便，那就说明这个选项很重要。

比起凑合行事，好好思考再做出抉择，能给你带来更多的益处。凡事皆如此。

浮生
猫语

幸运女神就在你的身边。

对赐予自己幸福的幸运女神常怀感恩之心，

你就能收获更多的幸福。

祈求幸福能够降临在我们身上的，不只我们自己，还有幸运女神这位强大的伙伴。

幸运女神一直在为人类祈求幸福。

但因为幸运女神需要普惠众人，所以具体发生在每个人身上的变化不会太大。

虽然如此，为了让人们开心起来，幸运女神还是在人间散布了许多小小的幸福。

比如，偶然去的一家餐馆特别好吃，茶歇时间吃到了同事分给自己的甜点，顺利地抢到了偶像的演唱会门票，等等。

这些全是幸运女神精心设计的结果。

遇到好事时，记得跟幸运女神道一声"谢谢"。

247

你可以睡前在脑海里想象一下自己身边的幸运女神是什么样子的，然后向她道谢。

受到感激的幸运女神一定会欣喜地为你准备好下一份快乐。

反之，如果你没有注意到幸运女神设计好的小幸福，她就会因此伤心难过，然后离你而去。

幸运女神虽然不可见，但却感知得到。

如何才能感知到幸运女神的存在呢？答案是：去寻找自己身边的小幸福。

如果无法找到散落在自己身边的幸福，就无法感知到幸运女神的存在。

而能感知到幸运女神的人，幸福定会接踵而至。

结语

世上有一种人叫"运气好的人"，他们无论做什么都能如愿以偿。

另一种人叫"运气差的人"，他们无论做什么都事与愿违。

运气的好坏与能力、学历无关，也与体力强弱、富有与否无关。

好运与厄运之差，在于自己的内心。

运气好的人内心充满了正能量（阳气）。

反之，运气差的人内心充满了负能量（阴气）。

想让自己的内心充满正能量，需要培养三"心"。

1 积极之心——怀揣希望，积极行动。

2 乐观之心——乐观思考，放松心态。

3 爱人之心——珍惜他人，予人快乐。

拥有三"心"，便能使自己充满正能量，吸引好的事物来到你的身旁，让每一个明天都比今天更幸福。

此书集结了许多正能量满满的萌猫，我由衷地希望可爱的猫咪和它们的寄语能帮助各位读者拥抱更幸福的生活。

植西聪

作者简介

植西聪（Akira Uenishi）

作家，东京人。

毕业于学习院大学，曾供职于资生堂公司。

多年来一直从事人生论相关的研究工作，创立了个人独有的"成心学"理论，并开始写作，希望借助文字的力量让人们变得更加开朗，更有活力。

1995 年取得"产业咨询师"资格（劳动大臣认证）。

主要著作包括《九成的烦恼都是庸人自扰》《值得铭记于心的贤人慧语》《一个习惯打造出坚强的心脏》《似水般生活》《提高人际力的技巧：94 个让人际交往变得更轻松的智慧》等。

ANATA WA ZETTAI DAIJOUBU : AISARE NEKO GA SHITTEIRU HAPPY NYA RULE
by Akira Uenishi
Copyright © Akira Uenishi, 2016
All rights reserved.

Original Japanese edition published by ASA Publishing Co., Ltd.
Simplified Chinese translation copyright © 2021 by China Machine Press
This Simplified Chinese edition published by arrangement with ASA Publishing Co., Ltd.,
Tokyo, through HonnoKizuna, Inc., Tokyo, and Shinwon Agency Co. Beijing
Representative Office, Beijing

企画協力：Kaoru Nishida
写真協力：TRIANGLE (Naoki Okuda), PASH (Tatsuaki Tanaka)

本书由株式会社雅飒出版社授权机械工业出版社在中华人民共和国境内地区（不包括香港、澳门特别行政区及台湾地区）出版与发行。未经许可的出口，视为违反著作权法，将受法律制裁。

北京市版权局著作权合同登记　图字：01-2020-1599 号。

图书在版编目（CIP）数据

浮生猫语：明天比今天更快乐的48个法则 /（日）植西聪著；许源源译. — 北京：机械工业出版社，2021.1
　ISBN 978-7-111-67016-2

Ⅰ.①浮… Ⅱ.①植… ②许… Ⅲ.①本册 ②人生哲学 – 通俗读物
Ⅳ.①TS951.5 ②B821-49

中国版本图书馆CIP数据核字（2020）第259537号

机械工业出版社（北京市百万庄大街22号　邮政编码100037）
策划编辑：仇俊霞　　责任编辑：仇俊霞
责任校对：潘　蕊　　封面设计：钟　达
责任印制：孙　炜
北京华联印刷有限公司印刷

2021年1月第1版第1次印刷
127mm × 183mm · 8印张 · 2插页 · 22千字
标准书号：ISBN 978-7-111-67016-2
定价：69.80元

电话服务　　　　　　　　　网络服务
客服电话：010–88361066　机　工　官　网：www.cmpbook.com
　　　　　010–88379833　机　工　官　博：weibo.com/cmp1952
　　　　　010–68326294　金　书　网：www.golden–book.com
封底无防伪标均为盗版　机工教育服务网：www.cmpedu.com